青海省地方标准

多年冻土区　块石—通风管复合路基技术规范

Technological Code for Block-stone and Ventilated-duct Composite Subgrade in Permafrost Regions

DB63/T 1487—2016

主编单位：青海省交通科学研究院
批准部门：青海省质量技术监督局
实施日期：2016 年 06 月 01 日

人民交通出版社股份有限公司

图书在版编目(CIP)数据

多年冻土区块石—通风管复合路基技术规范：DB63/T 1487—2016 / 青海省交通科学研究院主编. — 北京：人民交通出版社股份有限公司, 2017.5

ISBN 978-7-114-13766-2

Ⅰ. ①多… Ⅱ. ①青… Ⅲ. ①冻土区—块石—通风管道—公路路基—技术规范—中国 Ⅳ. ①U416.1-65

中国版本图书馆 CIP 数据核字(2017)第 080212 号

标准类型： 青海省地方标准
标准名称： 多年冻土区 块石—通风管复合路基技术规范
标准编号： DB63/T 1487—2016
主编单位： 青海省交通科学研究院
责任编辑： 丁 遥 李 沛
出版发行： 人民交通出版社股份有限公司
地　　址： (100011)北京市朝阳区安定门外外馆斜街 3 号
网　　址： http://www.ccpress.com.cn
销售电话： (010)59757973
总 经 销： 人民交通出版社股份有限公司发行部
经　　销： 各地新华书店
印　　刷： 北京市密东印刷有限公司
开　　本： 880×1230 1/16
印　　张： 1
字　　数： 24 千
版　　次： 2017 年 5 月 第 1 版
印　　次： 2017 年 5 月 第 1 次印刷
书　　号： ISBN 978-7-114-13766-2
定　　价： 20.00 元
(有印刷、装订质量问题的图书,由本公司负责调换)

目　　次

前　言

本标准按照 GB/T 1.1—2009 给出的规则编写。

本标准由青海省交通运输厅提出并归口。

本标准起草单位:青海省交通科学研究院、青海威远路桥有限责任公司、青海地方铁路建设投资有限公司、中科院寒区旱区环境与工程研究所、青海一达交通科技有限公司。

本标准主要起草人:房建宏、徐安花、柳金福、陈红伟、蔡相连、张学强、刘磊、王新燕、李东庆、明锋、马裕博。

多年冻土区　块石—通风管复合路基技术规范

1　范围

本标准规定了多年冻土区块石—通风管复合路基的适用范围、技术要求、参数设计、施工工艺和质量验收标准。

本标准适用于多年冻土区块石—通风管复合路基的设计、施工和检测。

2　规范性引用文件

下列文件对于本文件的应用是必不可少的。凡是注日期的引用文件,仅注日期的版本适用于本文件。凡是不注日期的引用文件,其最新版本(包括所有的修改单)适用于本文件。

JTG D30　公路路基设计规范

JTG/T D31-04　多年冻土地区公路设计与施工技术细则

GB/T 50107　混凝土强度检验评定标准

3　术语与定义

以下术语和定义适用于本文件。

3.1

冻土　frozen ground

处于负温或零温度并含有冰的土(岩)。

3.2

多年冻土　permafrost

持续冻结时间在两年或两年以上的土(岩)。

3.3

多年冻土上限　permafrost table

多年冻土层的上界面。

3.4

地温年变化深度　depth of zero annual amplitude of ground temperature

地表以下,地温在一年内变化不超过±0.1℃的深度,也称年零较差深度。

3.5

年平均地温　mean annual ground temperature

地温年变化深度处的地温。

3.6

冻土含水率　water content in frozen soil

冻土中所含冰和未冻水的总质量与土骨架质量之比,用百分数表示。

3.7

地温年较差　annual range of ground temperature

某一深度地温在一年中最高与最低温度的差值。

3.8

块石—通风管复合路基　block-stone and ventilated-duct composite subgrade

一种块石路基和通风管路基组合而成的复合路基结构形式。

4　基本规定

4.1　工作原理

块石—通风管复合路基是利用通风管与大气的对流换热和块石层内冷热空气的对流、传导的双重作用来冷却路基的特殊复合路基。通过在块石层的顶部或中部增设通风管，增大块石层上下界面的温差，加大冷空气的对流、传导和“烟囱效应”，从而降低路基底部的温度，保护冻土热稳定性。

4.2　适用范围

4.2.1　块石—通风管复合路基主要用于多年冻土区高温高含冰量冻土和退化性多年冻土路段。

4.2.2　块石—通风管复合路基适用于多年冻土区新、改建公路工程。

4.3　设计原则

4.3.1　块石—通风管复合路基设计应在掌握和综合分析冻土工程地质勘察资料的基础上，充分考虑建设区的冻土环境影响，确定设计方案。

4.3.2　块石—通风管复合路基设计应按照现行《公路路基设计规范》(JTG D30)、《多年冻土地区公路设计与施工技术细则》(JTG/T D31-04)的规定，确定设计原则及路基设计断面。

5　参数设计

5.1　块石质量要求

5.1.1　块石材料选取时，需要考虑块石的强度、抗风化和抗冻能力，粒径大小、形状、洁净度和透水性能等。

5.1.2　块石单轴饱和抗压强度不小于30MPa，压碎值不大于25%。

5.1.3　块石粒径宜选用150mm～300mm，最小边长宜大于150mm，长细比不宜大于3。

5.2　通风管管径与材质选择

5.2.1　通风管管径(D)宜采用0.4m～0.7m，管壁厚度(δ)宜采用50mm～80mm。

5.2.2　通风管的合理长径比值(L/D)应小于50。

5.2.3　通风管宜采用钢筋混凝土预制管，每节长1.0m～3.0m。

5.2.4　通风管材质、规格、质量及基本技术性能，应符合设计要求(参见附录A)，混凝土抗压强度按《混凝土强度检验评定标准》(GB/T 50107)的规定执行，强度等级不得低于C30。

5.3　块石层填筑厚度及通风管间距

5.3.1　块石路基的填筑厚度宜在1.0m～1.5m。

5.3.2　通风管净间距宜为1.0m～1.5m。

5.4　块石层及通风管埋设位置

5.4.1　块石层宜视路基高度填筑情况，设置在路面结构层下0.3m～0.5m或原地面以上0.5m。

5.4.2　通风管的埋设位置一般在块石层顶部或中部：对于高路基而言，通风管宜设置在块石层中部；对于低路基而言，可将通风管设置在块石层顶部，如图 1 所示。

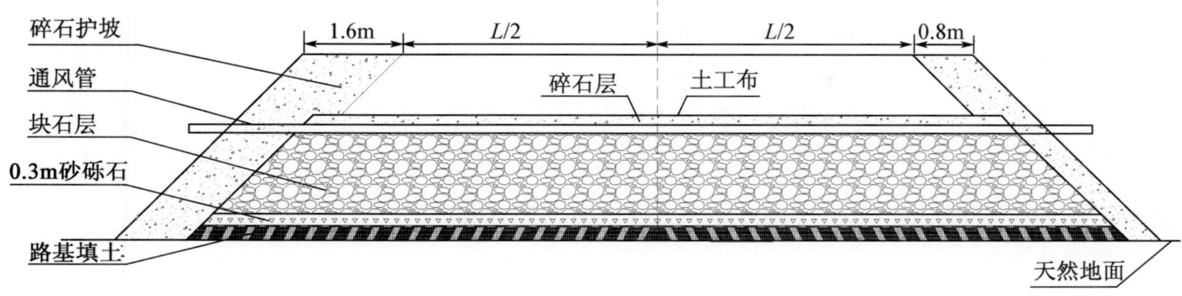

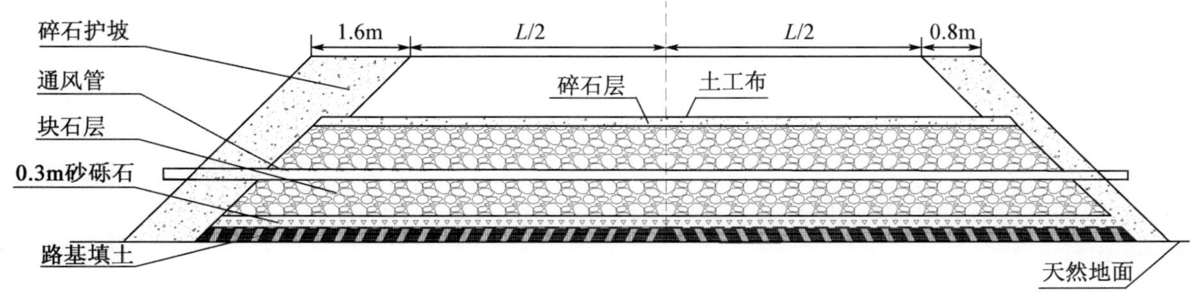

图 1　块石—通风管复合路基设计示意图

5.5　辅助防护结构

5.5.1　块石层底部应铺设 0.3m～0.5m 厚的砂砾层下垫层辅助防护结构，其顶部宜铺设土工布及碎石上垫层，厚度宜为 0.2m～0.3m。

5.5.2　当通风管埋设在块石层顶部时，应保证通风管管顶与块石层上界面平齐，然后铺设碎石垫层及土工布，垫层厚度宜为 0.2m～0.3m；当通风管埋设在块石层中部时，通风管不做辅助防护设施。

5.6　过渡段

两段块石路基的连接段或片块石路基与其他路基的连接段，其连接处坡率应不陡于 1:5。

6　施工技术及方法

6.1　施工准备

6.1.1　详细核对设计文件。

6.1.2　收集施工路段的工程地质和水文地质资料，应包括：

a)　多年冻土上限、冻土工程类型、冻土的分布及地温特征；

b)　地表水及地下水工程地质和水文地质方面的资料；

c)　地形地貌及冻土环境特征。

6.1.3　核对石料场料源和运输条件，进行填料的复查与试验。

6.1.4　块石路基施工前，应修筑试验路段，通过现场试验确定压实工艺及参数。

6.1.5　编制专项施工技术方案。

6.2 材料准备

6.2.1 块石材料准备

a) 对块石的品质进行试验,试验内容见检测与评定标准。

b) 按设计的料场位置,依据生态及景观要求,确定石料的开采方案。

c) 按设计的粒径要求进行石料的开采、破碎和筛选,依据用途进行分类储放。采石场应严格控制块石规格,防止不合格块石进入施工现场。填料石料粒径应满足下列要求:

1) 块石层填料:块石粒径 150mm ~300mm;

2) 下垫层填料:砾碎石粒径 30mm ~50mm;

3) 上垫层填料:碎石粒径 10mm ~30mm;

4) 护坡碎石填料:碎石粒径 80mm ~100mm。

6.2.2 通风管材料准备

通风管路基施工前应做好以下准备工作:

a) 通风管的几何尺寸、强度应符合设计要求。外观应平整光洁,承插口不得开裂或碰撞损伤。

b) 通风管进场时,必须提供产品合格证及第三方检测报告。

6.3 保存地表植被

按环保和景观生态要求,对挖出的原地面植被应养生保存,用于完工后的生态环境恢复。

6.4 基底处理

6.4.1 路基高度≥2.5m 时,保存地表植被。原地表用砂砾填筑,用重型振动压路机或冲击碾进行碾压。压实后地面以上填料层厚度应为 0.3m ~0.5m,满足压实度要求。

6.4.2 基底处理完毕后,经检查、验收合格方可进入下道工序。

6.5 块石—通风管路基施工

6.5.1 块石层施工

a) 安排好石料运输路线,用自卸车运到填筑区段,不得采用装载机和推土机作为运输机械。

b) 块石料一次填筑到位,空隙内不得填充碎石或其他杂物。

c) 碾压在直线段应先两侧,后中间;曲线段应先内侧,后外侧。碾压速度宜为 3km/h ~4km/h。

d) 第一遍静压,先慢后快,由弱振到强振,最后再静压 1 遍,碾压遍数应以满足沉降差≤5mm 的要求进行控制。碾压完成后,铺设辅助防护结构。

e) 碾压时轮迹重叠宽度≥0.5m,相邻区段重叠长度≥5m。

f) 压路机的线压力应与块石的抗压强度极限值相匹配(参见附录 B),避免使块石破碎和挤压破坏骨架结构。压路机的最大接触应力应符合块石允许最大接触应力值的要求,见表 1。

表 1 块石允许最大接触应力

允许最大接触应力(MPa)		压实层的变形模量(MPa)	
压实开始	压实结束	压实开始	压实结束
0.4 ~0.6	2.5 ~3.0	30	100

g) 砂砾辅助防护结构层,压实度满足《公路路基设计规范》(JTG D30)的要求。

6.5.2 通风管施工

a) 块石路基填筑高度达到通风管底面设计高程以上0.1m~0.2m时，即整平碾压，压实度满足设计及规范要求。

b) 检测块石路基底面的平整度和压实度，合格后才可进行通风管埋设安装。

c) 按通风管的设计要求放线。单幅式路基设置通风管时，应设置为自路基阳坡至阴坡向下倾斜2%~4%；高速公路、一级公路整体式路基设置通风管时，应设置为“人”字横坡，坡率为2%~4%，应在中央隔离带处设置通风口。

d) 通风管安装时要求底面平整、密实，压实度满足设计要求。通风管的安装高程、纵向间距应符合设计要求。

e) 用起重设备进行通风管安装，摆放平整，管节连接可靠，两端伸出路基边坡不小于0.2m~0.4m，通风管两端必须平齐。

f) 通风管安装到位，经检查合格后，继续回填块石层，进行压实。

6.5.3 通风管埋设在块石层中部或顶部，块石层填筑应满足下列要求：

a) 通风管下部的块石层，应找平、压实；

b) 根据设计规定的通风管间距，铺设、固定通风管；

c) 填筑块石层至设计高程。

6.6 块石—通风管路基过渡段施工

6.6.1 过渡段长度和基底换填深度、填料应符合设计要求，块石层过渡段延伸坡率应不小于1:5。

6.6.2 过渡段块石层表面应铺设辅助防护结构。

6.6.3 高含冰量冻土路段基底换填处理时，应向少冰、多冰冻土地段逐步过渡(参见附录C)。

7 检测与评定

7.1 块石路基施工质量应满足：

a) 平均沉降差不宜大于5mm，标准差不宜大于3mm；

b) 路基边坡规整，无明显松动，坡面平顺；

c) 施工质量应符合表2的规定。

表2 块石路基施工质量标准

项次	检测项目	允许偏差		检查方法与频率
		高速公路 一级公路	其他公路	
1	压实度	符合试验路段确定的施工工艺		施工记录
		沉降差≤5mm		水准仪：每40m检测1个断面，每个断面检测5~9点
2	纵面高程(mm)	+10，-20	+10，-30	水准仪：每200m检测4个断面
3	弯沉	不大于设计值		—
4	中线偏位(mm)	50	100	经纬仪：每200m检测4点，弯道加HY、YH两点

表2（续）

<table>
<tr><th rowspan="2">项次</th><th rowspan="2" colspan="2">检 测 项 目</th><th colspan="2">允 许 偏 差</th><th rowspan="2">检查方法与频率</th></tr>
<tr><th>高速公路
一级公路</th><th>其他公路</th></tr>
<tr><td>5</td><td colspan="2">宽度</td><td colspan="2">不小于设计值</td><td>米尺：每200m检测4处</td></tr>
<tr><td>6</td><td colspan="2">平整度(mm)</td><td>20</td><td>30</td><td>3m直尺：每200m检测4处，每处检查10尺</td></tr>
<tr><td>7</td><td colspan="2">横坡(%)</td><td>±0.3</td><td>±0.5</td><td>水准仪：每200m检测4个断面</td></tr>
<tr><td rowspan="2">8</td><td rowspan="2">边坡</td><td>坡度</td><td colspan="2">不陡于设计值</td><td rowspan="2">每200m抽查4处</td></tr>
<tr><td>平顺度</td><td colspan="2">符合设计要求</td></tr>
</table>

7.2 通风管的埋设位置、间距、横坡坡率等控制与检测标准参见附录D。通风管沟槽开挖前，路基压实度、平整度等质量检测标准参见附录D。

附 录 A
(资料性附录)
通风管检验项目及类别

通风管检验项目及类别见表 A.1。

表 A.1 通风管检验项目及类别

序号	质 量 指 标	检 查 项 目	类别	允 许 偏 差	备 注
1	外观质量	黏皮	B	无	
2		麻面	B	无	
3		局部凹坑	B	不大于 5mm	
4		蜂窝	A	无	
5		塌落	A	无	
6		露筋	A	无	
7		空鼓	A	无	
8		裂缝	A	不允许	
9		合缝漏浆	A	不应有	
10		端面碰伤	A	纵向长度不超过 100mm,环向长度极限值 60mm ~ 80mm	
11	尺寸偏差(mm)	承口直径(D_3)	A	接头:柔性、刚性 ±2	刚性接头承插口管测 D_1
12		插口直径(D_1)	A	接头:柔性 ±2,刚性 ±4	
13		承口长度(L_2)	B	接头:柔性、刚性 ±3	刚性接头承插口管测 L_1
14		插口长度(L_1)	B	接头:柔性 +3、-4,刚性 ±6	
15		管子公称内径(D_0)	B	柔性、刚性: +4、-8	
16		管壁厚度(t)	B	柔性、刚性: +8、-2	
17		管子有效长度(L)	B	柔性、刚性: +18、-10	
18		弯曲度(δ)	B	小于或等于管子长度的 0.3%	
19		端面倾斜(S)	B	≤10	
20		保护层厚度(C)	A	≥15	
21	物理力学性能	裂缝荷载	A	符合设计要求	
22		破坏荷载	A		
23		混凝土抗压强度	A		

注 1:A 类项目必须全部合格;

注 2:B 类项目的超差不超过 2 根,项目的超差不超过 2 项;

注 3:外压荷载检验符合设计要求时,则判定该产品力学性能合格。如有不符合要求时,允许从同批产品中抽取 2 根进行复检,复检结果如全部符合设计要求,则剔除原不合格的 1 根,判定该批产品力学性能合格,复检结果仍有 1 根不符合要求时,则判定该批产品力学性能不合格。

附 录 B
(资料性附录)
石 料 强 度

不同种类石料的抗压强度极限值与允许压路机单位线荷载见表 B.1。

表 B.1 石料的抗压强度极限值与允许压路机单位线荷载

石 料 种 类	极限强度(MPa)	允许压路机单位线荷载(MPa)
软石料(石灰岩、砂岩)	30～60	6～7
中硬石料(石灰岩、砂岩、粗粒花岗岩)	60～100	7～8
坚硬石料(细粒花岗岩、闪长岩)	100～200	8～10
极坚硬石料(辉绿岩、硬玄武岩、闪长岩)	200	10～12.5

附 录 C
(资料性附录)
高含冰量冻土地段基底换填处理方法

高含冰量冻土地段基底换填处理应设置过渡段,如图 C.1 所示。

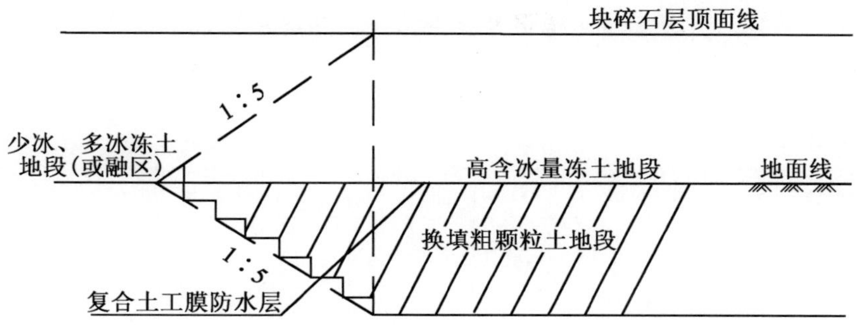

图 C.1 过渡段处理示意图

附　录　D

（资料性附录）

通风管路基施工质量检测标准

通风管路基施工质量检测标准见表 D.1。

表 D.1　通风管路基施工质量检测标准

项次	检测项目	允许偏差	检测方法与频率
1	路基压实度	符合设计规定	灌砂法、灌水法，每一压实层每 100m 检测 3 点
2	平整度	15mm	3m 直尺，每 200m 检测 2 处，每处检查 10 尺
3	通风管埋设高程	±30mm	水准仪，每 100m 检测 3 点
4	通风管铺设间距	±10mm	直尺，每 100m 检测 4 点
5	中线偏位	50mm	水准仪，每 100m 检测 4 点
6	横坡	±0.3%	水准仪，每 100m 检测 2 个断面
7	管槽宽度、深度	±0.5mm	直尺，每 100m 检测 4 点
8	管顶路基压实度	符合设计规定	灌砂法、灌水法，每一压实层每 100m 检测 3 点
9	通风管两端伸出长度	±20mm	拉线

附　录　E
（资料性附录）
条 文 说 明

E4　基本规定

E4.1　工作原理

块石层的热物理性能具有相变异性，在正温条件下，其导热系数很小，而在负温条件下，它的导热系数很大。负温与正温导热系数之比可达12以上。在多年冻土区，利用其热物理性能的相变异性，减小暖季传入地基的热量，增加寒季传入地基的冷量。据资料计算，在青藏高原风火山地区，通过1.3m厚度的碎石层，寒季传入地基的冷量约是暖季传入地基热量的3.7倍（粗颗粒土层约1.9倍）。与同厚度的粗颗粒土层相比，碎石层在暖季传入地基的热量，仅是粗颗粒土层的46%，寒季传入地基的冷量却是粗颗粒土层的1.12倍。

在路基中埋设通风管可以起到两种作用：

（1）暖季填筑较高路基时，填料带入到路基内的热量，可经通风管中的空气对流方式将热量带出，有利于降低路基土体的温度，提高冻土路基的热稳定性。

（2）一般高度的路基，通风管除可降低路基体的温度外，还可作为冷源增加冻土地基的冷储量，提高冻土路基的热稳定性。

块石—通风管复合路基是集合两种路基的优点，更好地保护了下部多年冻土，提高了多年冻土区路基的热稳定性。

E4.2　适用范围

块石路基和通风管路基都具有“热屏蔽”和“高传冷”作用，暖季可以减小热量传入路基，寒季又可以将冷量下传至路基，冷却冻土路基，保持或提高多年冻土人为上限。因此，在高温高含冰量冻土和退化性多年冻土路段，可采用块石—通风管复合路基结构形式，增加冷却路基的冷量，加大路基的冷却能力，更有利于保护冻土路基的稳定性。

考虑全球气候变暖的影响，假设未来50年气温升高1.0℃时，预测研究了自然状态和四种不同路基结构形式下冻土人为上限的变化规律：①自然状态下，冻土天然上限下降缓慢，由第一年的－1.75m下降至50年的－1.86m；②普通路基冻土人为上限变化最明显，下降速度最快，由第一年的－1.86m下降至50年的－4.85m，共下降了2.99m，表明普通路基不利于冻土地基的保护；③通风管路基下冻土人为上限处于较缓慢下降趋势，且始终高于冻土天然上限，从第一年的－0.76m下降至50年的－0.89m，说明通风管路基具有提高冻土上限的作用；④封闭块石路基下冻土上限变化也缓慢，始终高于天然上限和通风管路基人为上限，至50年仍位于地面下0.22m，有利于保护路基下多年冻土；⑤在不考虑冻土退化的情况下，块石—通风管（封闭）路基下冻土人为上限，在竣工后前5年有明显的上升，随后缓慢下降，但始终位于原天然地面之上，50年后路基下人为上限仍处于原地面之上0.04m。可见，块石—通风管复合路基结构形式能够有效保护冻土。

E5 参数设计

E5.3 块石层填筑厚度及通风管间距

当通风管埋设在块石层中间时，块石层填筑厚度宜大于1.2m；当通风管埋设在块石层顶部时，块石层填筑厚度宜大于0.8m。

E5.4 块石层及通风管埋设位置

通风管埋设位置宜在原地面以上0.5m，其冷却路基的效果较好。但与块石层组合成复合路基时，应充分发挥各自的优势，加设通风管可增大块石—通风管复合路基的冷却面，将其直接埋设在块石层的顶部或中部，增大其顶、底面的温差，使之空隙中空气产生对流换热，加速冷却冻土路基，且利用通风管将块石层内热量排出。如果通风管埋设在块石层下部，既不能发挥通风管快速冷却的特性，又失去块石层的对流换热的作用。

块石—通风管复合路基的块石层宜埋设在路面结构层下0.3m～0.5m，或在原地面以上0.5m。采用倾填方式铺筑。

E6 施工技术及方法

E6.5 块石—通风管路基施工

块石—通风管路基是在块石层中铺设通风管的路基。通风管可以设置在块石层中部或顶部。对于高路基而言，通风管宜设置在块石层中部；对于低路基而言，可将通风管设置在块石层顶部，具体施工方法见6.5.3。